BULLETIN

DE LA

SOCIÉTÉ GÉOLOGIQUE DE FRANCE

TROISIÈME SÉRIE — TOME ONZIÈME

(EXTRAIT)

1883

ASSOCIATION FRANÇAISE

POUR L'AVANCEMENT DES SCIENCES

Congrès de la Rochelle. — 1882.

M. SCHLUMBERGER

Ingénieur de la Marine en retraite.

SUR UN NOUVEAU PENTELLINA

— *Séance du 23 août 1882* —

Alcide d'Orbigny a désigné sous le nom d'Agathistègues, une famille de Foraminifères qui contient une foule de genres que ce savant séparait d'après la forme extérieure et le nombre de loges visibles. Ce groupe se divisait en Spiroloculines, Biloculines, Triloculines, Quinqueloculines, etc. Après d'Orbigny, beaucoup de zoologistes se sont occupés de ce groupe si intéressant et si abondant dans les mers actuelles : les dragages récents ont singulièrement accru le nombre des formes signalées par cet auteur, et cependant, malgré les travaux importants, dus surtout aux savants Anglais, le classement définitif de ces êtres est encore à faire.

Tous les jours de nouvelles données viennent s'ajouter à ce que l'on sait sur les Rhizopodes, et c'est ainsi qu'il y a peu de mois, M. Munier-Chalmas présentait à la Société géologique une note relative à un groupe curieux d'Agathistègues : les *Miliolidées trématophorées*. Elles se distinguent par des caractères importants et surtout par la présence au-dessus de l'ouverture d'un *trématophore* formé par des trabécules calcaires laissant entre eux de très petits orifices.

Les différentes formes de ce groupe étaient si abondantes dans les mers de l'éocène moyen que le calcaire grossier (calcaire à Milioles) exploité à

Y

Paris et dans les environs est presque entièrement composé de *Trillina* et de *Pentellina saxorum* (*Quinqueloculina saxorum*, d'Orb.).

Le *Quinqueloculina saxorum* a servi de type à M. Munier pour établir son nouveau genre *Pentellina* qui, à ma connaissance, n'a encore été trouvé que dans l'éocène du bassin de Paris.

Occupé en ce moment, en collaboration avec M. Munier Chalmas, d'un travail de révision des Miliolidées, dont nous pensons pouvoir donner sous peu les principaux résultats, j'ai eu à faire des sections dans un grand nombre de Foraminifères vivants et fossiles de provenances diverses.

Au cours de ces recherches, j'ai trouvé, il y a quelques jours, une nouvelle espèce de *Pentellina* que je présente à la Section de géologie (fig. 63).

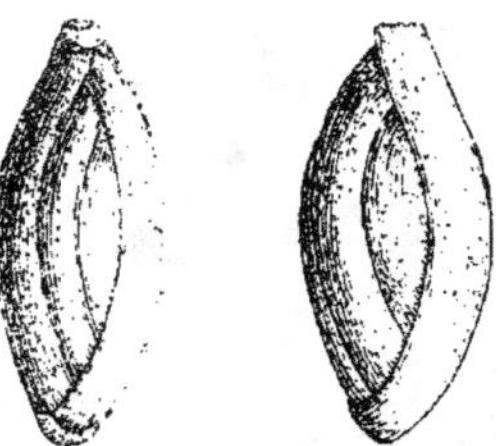

Fig. 63. — *Pentellina Tournoueri*, Schlumb., sur deux faces, grossis de 35 diam, réduit à ¹⁄₂.

Je l'ai rencontrée dans une petite quantité de marne bleue, provenant de Saint-Étienne-d'Orthes, dans les Landes, que je dois à l'obligeance de notre regretté confrère M. Tournouër, qui voulait en étudier la faune, lorsque la mort est venue le surprendre. Cette marne appartient certainement au tertiaire, mais j'ignore encore à laquelle de ses subdivisions il faut la rapporter.

Le *Pentellina Tournoueri*, Schlumb., a un têt fusiforme, renflé vers le milieu et acuminé aux deux extrémités, composé d'un très grand nombre de loges dont cinq ou six seulement sont visibles extérieurement. Chaque loge isolée a une enveloppe complète et n'emprunte pas sa paroi aux loges précédentes. Cette enveloppe est très épaisse là où elle s'appuie sur les loges déjà formées; elle est mince, au contraire, vers la partie opposée, de sorte que la partie extérieure des loges est presque toujours brisée.

Le têt est finement ponctué. L'ouverture est garnie d'un trématophore très fragile et qui se décèle surtout, dans les échantillons que j'ai eus à ma disposition, par les denticulations que sa chute laisse autour de l'ouverture.

Le *Pentellina Tournoueri*, quoique un peu plus renflé vers le milieu, se rapproche, par tous ses caractères extérieurs, du *Pentellina saxorum*, avec lequel on pourrait facilement le confondre à première vue, mais une section transversale passant par la loge initiale (fig. 64) montre que les deux côtes internes si caractéristiques des loges du *Pentellina saxorum* manquent complètement. Cette section fait, en outre, ressortir d'une manière frappante la succession des loges et leur groupement en deux spirales enveloppantes produites par leur enroulement autour de la petite sphère embryonnaire.

Fig. 64. — *Section par la loge embryonnaire, au grossis. de 170 diam. réduit à 1/2.*

On remarque aussi, sur la figure ci-jointe, que, suivant l'âge, la forme extérieure et intérieure des loges est très variable. Les six premières loges disposées autour de la loge centrale et les suivantes sont triangulaires et convexes, tandis que les dernières deviennent larges et étroites et leur surface extérieure est presque plane.

EXTRAIT DU BULLETIN DE LA SOCIÉTÉ GÉOLOGIQUE DE FRANCE

3ᵉ série, t. XI, p. 272, séance du 19 février 1883.

Note sur le genre **Cuneolina**,

par M. **Schlumberger**.

Dans la Planche XXI de son ouvrage sur les Foraminifères de Vienne. d'Orbigny a figuré les genres qu'il n'a pas trouvés dans les terrains tertiaires de cette région.

Ses études sur les Foraminifères ont surtout été basées sur l'examen des caractères extérieurs qui résultent du groupement des loges et de l'apparence du test ; de sorte que beaucoup de ses descriptions ont besoin d'être complétées par l'adjonction des caractères qui se rattachent à la structure et à l'organisation interne des loges et à l'embryologie de ces Rhizopodes.

Brady [1] a déjà montré que la *Paronina* [2] a des loges alternantes dans un seul plan et doit être rapprochée des *Textilaria*.

Par contre d'Orbigny et après lui Carpenter [3] (qui probablement n'avait jamais vu ce fossile) relient les *Cuneolina* aux *Textilaria*, ce qui est inadmissible.

Les *Cuneolina* ont une forme aplatie, à contour plus ou moins triangulaire ; elles sont formées de loges étroites et allongées, très nombreuses, disposées sur deux plans superposés ; les loges d'un plan alternent avec celles de l'autre ; une section passant par le plan des loges démontre la présence dans chacune d'elles d'un grand nombre de cloisons perpendiculaires au plan général du test. Une section perpendiculaire à la précédente indique en outre que chacune de ces divisions secondaires est subdivisée par cinq ou six courtes cloisons, normales au contour extérieur de la loge, mais n'atteignant pas le centre.

[1] Quarterly Journal of microsc. Sc.; vol. XIX. n. ., p. 68.
[2] For. de Vienne. Pl. XXI, fig. 9.
[3] Introd. to the Study of Foram., p. 188.

Les ouvertures dessinées par d'Orbigny ne s'observent sur aucun échantillon, mais le test paraît être partout largement perforé.

L'ensemble de ces caractères rapproche les Cunéolines du groupe des Orbitolines.

Jusqu'à présent les *Cuneolina* n'ont été rencontrées que dans le terrain crétacé.

On en trouve une petite espèce, assez mal conservée et très semblable comme forme à la *C. pavonia*, d'Orb. dans la couche à *Orbitolina lenticulata*, Lmk. de l'Aptien de Bellegarde.

Le Cénomanien de l'Ile Madame en contient deux espèces très abondantes signalées par d'Orbigny : *C. pavonia*, d'Orb. et *C. conica*. d'Orb. (1).

Enfin le Sénonien des Martigues présente aussi une espèce très voisine, sinon identique : la *C. conica*, d'Orb.

(1) La *C. pavonia*, d'Orb., de l'Ile Madame a exactement la forme de l'algue dont elle porte le nom et c'est par suite d'une erreur dans le choix de l'échantillon que l'autre espèce a été dessinée à la place de la première.

F. Aureau. — Imprimerie de Lagny.

ZOOLOGIE. — *Nouvelles observations sur le dimorphisme des Foramini-*
fères. Note de MM. Munier-Chalmas et Schlumberger, présentée par
M. Hébert.

« L'un de nous [1] a démontré, en 1880, que, dans les *Nummulites* et les
Assilina, chaque espèce était représentée par *deux formes* que l'on considère
encore aujourd'hui, à tort, comme étant des espèces différentes. Depuis
cette époque, nous avons poursuivi nos recherches sur la structure et l'organisation des principaux genres de *Miliolidæ* : *Biloculina, Dittina, Fabularia, Lacazina, Triloculina, Trillina, Quinqueloculina, Pentellina, Heterillina.*

» Il résulte de nos nouvelles observations que le dimorphisme découvert
d'abord dans les Nummulites se retrouve également dans toutes les espèces
de *Miliolidæ* que nous avons étudiées et qu'il se manifeste ainsi dans les
deux grandes divisions des *Foraminifères perforés* et *imperforés.*

» Afin de mieux faire ressortir ce caractère, il est nécessaire de rappeler
le plan général de construction des trois genres principaux de *Miliolidæ.*

» Le *Plasmostracum* [2] des *Biloculina, Triloculina* et *Quinqueloculina*
peut être envisagé, au point de vue schématique, comme étant formé par un
tube qui s'enroule autour d'une sphère (loge centrale) et qui présente, à
chaque demi-révolution, un étranglement qui détermine une nouvelle loge
plus grande que la précédente.

» L'enroulement se fait tantôt suivant une direction unique ; tantôt, au
contraire, à chaque demi-révolution, la loge nouvelle s'écarte plus ou
moins de la précédente, et l'enroulement suit alors des directions déterminées, qui passent par le plan de symétrie de loges sériées.

---

[1] *Bulletin de la Société géologique de France,* 3e série, t. VIII, p. 300.
[2] Têt des Foraminifères.

M. et S.

Dans les *Biloculina*, l'enroulement, se faisant suivant une seule direction, reste dans un même plan de symétrie, qui est commun, par conséquent, aux deux rangs de loges sériées et opposées, qui entourent une loge initiale centrale et sphéroïdale.

» Les *Triloculina* s'enroulent selon trois directions, qui déterminent trois plans de symétrie faisant entre eux un angle de 120°. Il résulte de cette disposition que la loge centrale se trouve enveloppée par trois rangs de loges sériées. Enfin, chez les *Quinqueloculina*, qui présentent autour de la loge centrale cinq rangs de loges sériées, l'enroulement suit cinq directions qui déterminent autant de plans de symétries, faisant entre eux un angle de 72°.

» Le dimorphisme des Foraminifères est caractérisé par une différence dans la grandeur et la disposition des premières loges. Lorsque l'on fait des sections transversales dans une quelconque des espèces que nous avons étudiées, on constate bien vite que les individus qui les constituent présentent deux types d'organisation : les plus petits et ceux de moyenne grandeur ont toujours une loge centrale relativement très grande (forme A), tandis que dans les plus grands cette loge centrale n'est visible qu'avec un très fort grossissement (forme B). Dans la même espèce, aucun caractère extérieur, sauf celui tiré de la taille, ne permet de soupçonner ce fait. Il existe encore entre ces deux formes d'autres différences que nous allons signaler.

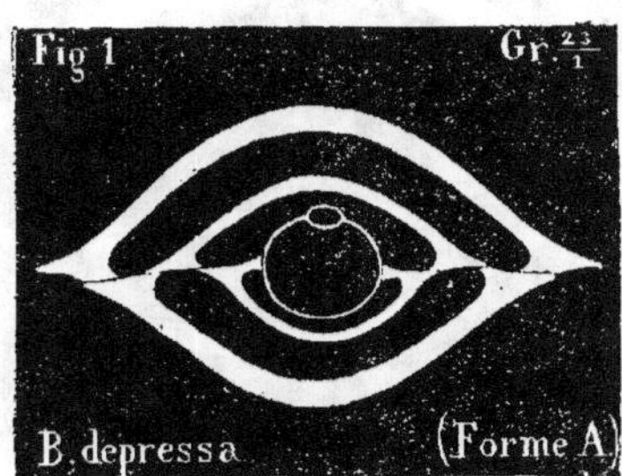

» FORME A. — Les nombreuses sections que nous avons faites dans les individus appartenant à cette forme nous ont toujours montré qu'ils avaient *une grande loge centrale*, sphéroïdale, à parois minces, dont le diamètre varie de 200^μ à 400^μ. Les premières loges qui l'entourent ont, dans la grande généralité des espèces, une direction et une disposition semblables à celles des dernières.

» La *Biloculina depressa* d'Orb. (*fig.* 1), qui vit dans l'océan Atlantique, peut servir d'exemple : sa loge centrale est entourée de loges qui indiquent dès leur apparition le type biloculinaire le plus simple, c'est-à-dire l'enroulement à une seule direction. La première des loges sériées, qui est souvent plus étroite que les suivantes, est en communication avec la loge centrale par une petite ouverture circulaire.

» FORME B. — Quoique les individus qui appartiennent à cette forme soient toujours les plus grands, les sections transversales, passant rigoureusement par le centre, sont très difficiles à réussir. La loge initiale, qui est également sphéroïdale, comparée à celle de la forme précédente, est d'une extrême petitesse et son diamètre ne dépasse guère en moyenne 18$^\mu$ à 25$^\mu$. Dans toutes les espèces que nous avons étudiées, les premières loges qui apparaissent se groupent par cinq autour de la loge centrale, suivant cinq directions qui rappellent le mode de développement des *Quinqueloculina* et des *Pentellina ;* mais bientôt, soit brusquement, soit par transition, l'enroulement change et les loges nouvelles sont disposées, rigoureusement, suivant les espèces, comme celle de la *forme A* correspondante. La section (¹) de la *B. depressa*, d'Orb. (*fig.* 2), montre que les dix

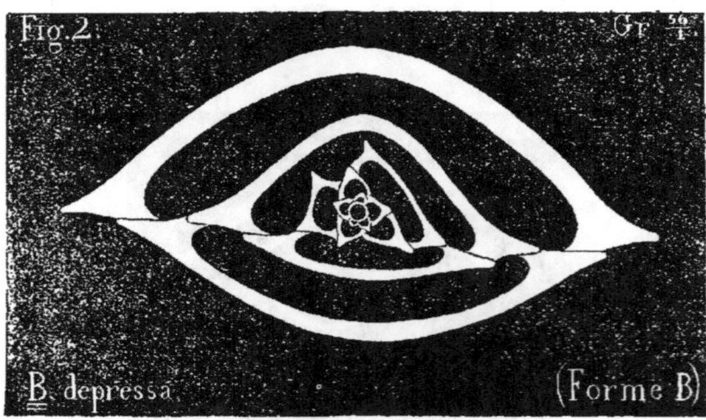

premières loges entourant la loge centrale, sont disposées en cinq séries, mais brusquement les loges suivantes deviennent plus embrassantes et se disposent comme celles de la *forme* A (*fig.* 1).

» La *Biloculina comata*, Brady, *forme A* (*fig.* 3), qui habite également l'océan Atlantique, possède une loge centrale plus petite que celle de la

---

(¹) Le dessin ne représente que la partie centrale de la section, les deux dernières loges manquent.

B. depressa; ses parois sont très minces; elle est à peu près sphéroïdale, son plus grand diamètre étant de 258ᵘ, son plus petit de 240ᵘ. Vers sa

partie supérieure, on voit la section ovalaire de la première loge qui ressemble à un étroit canal et qui est très différente des suivantes. Ce caractère, commun à toutes les Biloculines, peut se vérifier sur la *fig.* 1.

» Les loges qui suivent ont la disposition normale de ce genre (enroulement dans un seul plan de symétrie), mais leurs parois sont très épaisses et présentent extérieurement de nombreuses côtes parallèles.

» *Biloculina comata,* Brady, *forme B, fig.* 4[1]. La loge centrale est sphé-

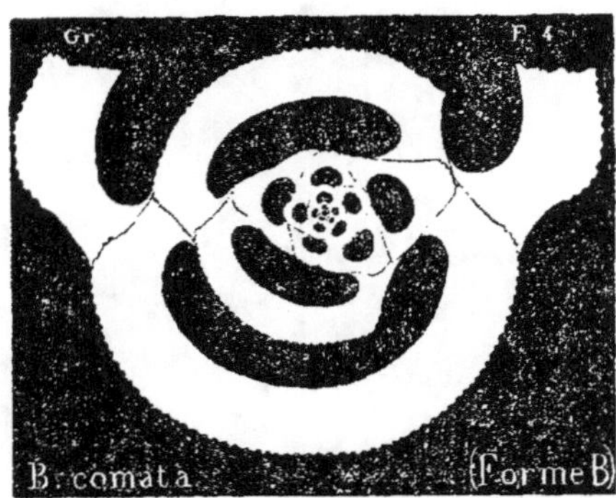

roïdale et très petite (21ᵘ : les premières loges qui l'entourent se groupent d'abord par cinq, par quatre, par trois, puis par deux : à partir de ce moment seulement, les loges sont disposées comme dans les *Biloculina.* Il n'y

---

Dans notre dessin, l'avant-dernière loge est incomplète et la dernière manque complétement.

a plus alors qu'un plan de symétrie commun aux dernières loges, l'enroulement se faisant dans une seule direction. Ces différentes phases de l'enroulement rappellent donc, dans une même espèce, l'arrangement des *Quinqueloculines*, des *Triloculines* et des *Biloculines*.

» Dans une prochaine Communication, nous indiquerons les modifications que nous avons constatées dans d'autres genres et nous donnerons les deux hypothèses principales que l'on peut concevoir pour expliquer ce dimorphisme. »

(26 mars 1883.)

ZOOLOGIE. — *Nouvelles observations sur le dimorphisme des Foraminifères*. Note de MM. **MUNIER-CHALMAS** et **SCHLUMBERGER**, présentée par
M. Hébert.

« Dans une première Communication sur le dimorphisme des Foraminifères, nous avons fait connaître deux types vivants de *Biloculines*; nous
allons maintenant montrer que les espèces disparues participent également
aux deux séries de modifications que nous avons déjà signalées dans les
espèces vivantes.

» *Triloculina trigonula*, d'Orb. (*fig. 5*). — La forme A possède une loge

Fig. 5.

Triloculina trigonula, d'Orb., *forme* A (¹). Éocène moyen. Parnes. Gr. $\frac{4}{1}$.

centrale très grande (204ᵘ) entourée de trois rangs de loges sériées dont
les plans de symétrie forment entre eux trois angles d'un tiers de circonfé-
rence. On remarquera que la première loge sériée est comprimée et correspond au canal des Biloculines. L'enroulement des loges, depuis la première
jusqu'à la dernière, reste le même et suit trois directions passant par les

____

(¹) Ce dessin et les trois suivants ont été exécutés d'après des photographies.

plans de symétrie dont nous venons de parler. Dans cette espèce les individus de la forme A atteignent souvent de grandes dimensions.

» *Triloculina trigonula*, d'Orb. (*fig. 6*). — La forme B présente une des plus petites loges centrales que nous ayons rencontrées, elle n'a que 18^μ. Autour

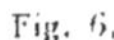

Fig. 6.

Triloculina trigonula, d'Orb., *forme* B (¹). Éocène moyen. Parnes. Gr. ⁴⁄₁.

d'elle se groupent cinq loges qui reproduisent la disposition des Quinquéloculines. Cet enroulement ne se continue pas, car à partir de la sixième, qui devient très embrassante, les loges suivantes prennent brusquement le groupement triloculinaire.

» *Pentellina saxorum*, d'Orb. sp. Éocène moyen. Parnes. — Cette espèce doit être considérée comme le type géométrique le plus parfait de l'enroulement à cinq directions. Dans les *Pentellina* comme dans les *Quinquéloculina*, on remarque que les formes A et B sont en apparence moins dissemblables que dans les autres genres. Cependant ces deux formes se distinguent de suite par la différence de grandeur qui existe dans leurs premières loges. De plus, autour de la loge centrale de la forme B, on constate la présence de sept petites loges, mais à partir de ce moment les loges suivantes prennent la disposition quinquéloculinaire si caractéristique et si constante de la forme A.

» *Fabularia discolithes*, Defr. (*fig. 7*). — Les individus de la forme A sont toujours extrêmement petits : les plus grands n'ont au maximum que sept loges embrassantes disposées alternativement de chaque côté de la loge centrale qui mesure 270^μ. La première loge sériée, qui correspond au canal des Biloculines, reste simple, tandis que les suivantes sont partagées, par des cloisons longitudinales, en chambres étroites plus ou moins circu-

(¹) Le dessin ne représente que la partie centrale de la section, les sept dernières loges manquent.

laires qui communiquent entre elles par des canaux latéraux. L'enroule-

Fig. 7.

Fabularia discolithes, Defrance, *forme* A. Éocène moyen. Chaussy. Gr. $\frac{4}{2}$.

ment, semblable à celui des Biloculines, se fait suivant un seul plan de symétrie.

» *Fabularia discolithes*, Defr. (*fig. 8*). — Une section transversale faite

Fig. 8.

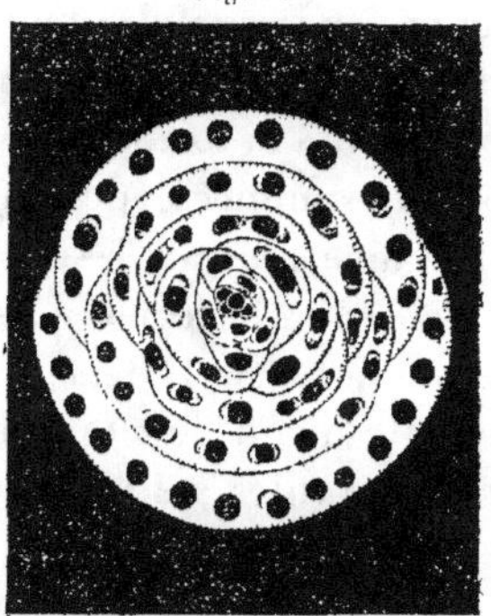

Fabularia discolithes, Defrance, *forme* B. Éocène moyen. Chaussy. Gr. $\frac{7}{1}$.

dans la forme B montre que les loges présentent trois modifications prin-cipales dans leur arrangement :

» 1° Autour de la loge centrale qui a 21ᵏ se groupent cinq loges sim-ples, puis les neuf suivantes se disposent plus ou moins régulièrement sui-vant trois directions. Les deux dernières sont partagées par une épaisse cloison longitudinale qui les divise en deux ;

» 2° A partir de ce moment les nouvelles loges sont régulièrement op-posées : les six ou sept premières de cette série présentent de nombreux canaux longitudinaux disposés sur *un seul rang ;*

» 3° Enfin, dans la troisième phase, les dernières loges, au nombre de vingt à vingt-deux, montrent un rang de *canaux supplémentaires* plus ou moins irréguliers situés vers la partie interne (¹).

» Il résulte de cette étude très succincte que toutes les espèces de Miliolites que nous avons étudiées sont dimorphes. On pourra facilement reconnaître ce dimorphisme en comparant de nombreuses sections ; la forme B se distinguera toujours par *une loge centrale beaucoup plus petite et entourée par un plus grand nombre de loges que dans la forme* A *correspondante.*

» Dans l'état actuel de nos connaissances, il est difficile de se prononcer définitivement sur la cause de ce dimorphisme ; cependant il nous paraît dès à présent qu'il n'y a que deux hypothèses possibles.

» Dans la première, on peut supposer que chaque espèce est représentée par deux formes distinctes dès leur origine. Mais jusqu'à présent nous n'avons pu découvrir dans aucune des nombreuses espèces que nous avons étudiées de très jeunes individus de la forme B.

» La seconde hypothèse consiste à admettre que le dimorphisme est le résultat d'une évolution finale. Chaque individu passerait alors par deux phases successives : la première correspondrait à la forme A, mais, par suite de la résorption de la grande loge centrale, l'animal construirait une série de nouvelles loges correspondant à la forme B.

» Dans toutes les espèces examinées, des mesures exactes nous ont montré que, en supposant la loge centrale résorbée, l'espace devenu libre entre les premières loges sériées de la forme A, est assez grand pour permettre aux loges modifiées de la forme B de se développer.

» Il nous reste maintenant, avant de nous prononcer sur une de ces deux hypothèses, à suivre dans toutes ses phases l'évolution d'une espèce vivante. »

(¹) Ces loges ne figurent pas sur notre dessin qui ne représente que la partie centrale de la section.

28 mai 1883.)

GAUTHIER-VILLARS, IMPRIMEUR-LIBRAIRE DES COMPTES RENDUS DES SÉANCES DE L'ACADÉMIE DES SCIENCES
Paris. — Quai des Augustins, 55.

Un accident, survenu pendant le tirage à part des deux Planches
de la Feuille des jeunes Naturalistes, a obligé le lithographe à les
faire recopier sur une nouvelle pierre. Je n'ai pu surveiller ce travail. Le dessinateur a exagéré quelques ombres et quelques traits
de mes dessins, et les Figures 1 *a*, 4 et 5 de la Planche III laissent
beaucoup à désirer.

SCHLUMBERGER.

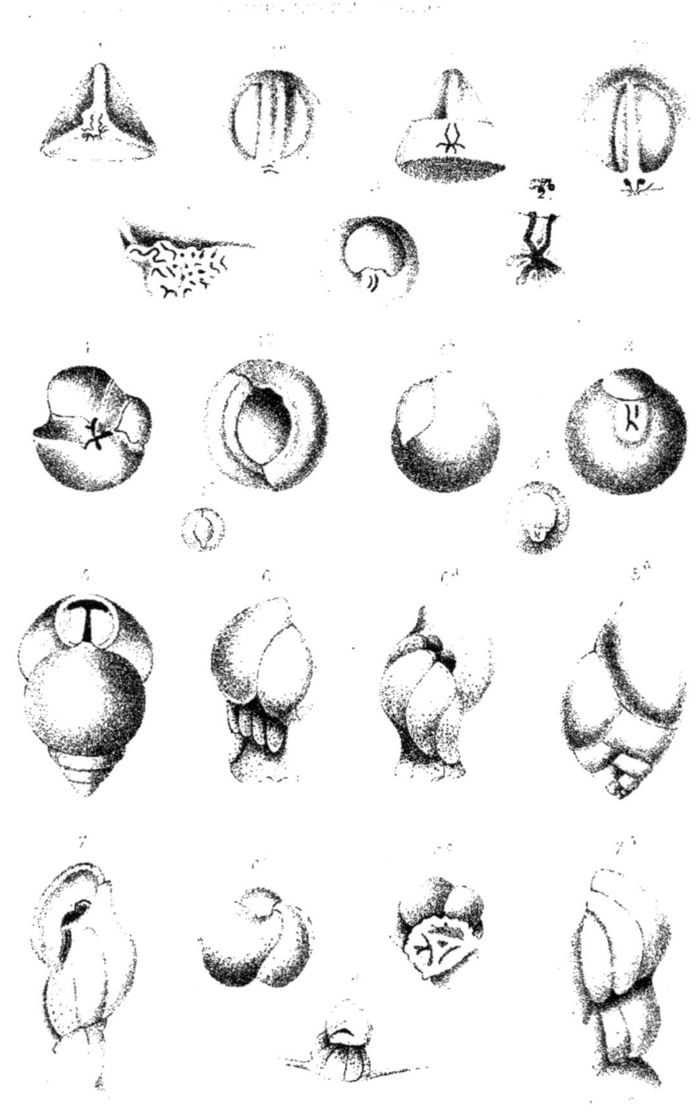

PLANCHE III

Fig 1, 1 a . . . . *Siphogenerina glabra*, Schlumberger (1).

— 1 . . . . Section longitudinale d'un individu de la forme A. Gr. $\frac{12}{1}$

— 1 a . . . . Individu de la forme B vu par extérieur. Gr. $\frac{4}{1}$

— 2, 2 a . . . . *Archiacina Munieri*, Schlumberger (1)

— 2 . . . . Section de la partie centrale au gr. de $\frac{4}{1}$

— 2 a . . . . Individu adulte au gr. de $\frac{4}{1}$

— 3, 3 a . . . . *Biloculina serrata*, Brady. Gr. $\frac{4}{1}$

— 4 . . . . *Schizophora capreolus*, d'Orbigny. Gr. $\frac{4}{1}$

— 5 . . . . *Rotalina pleurostomata*, Schlumberger. Gr. $\frac{4}{1}$

(1) D'après une photographie.

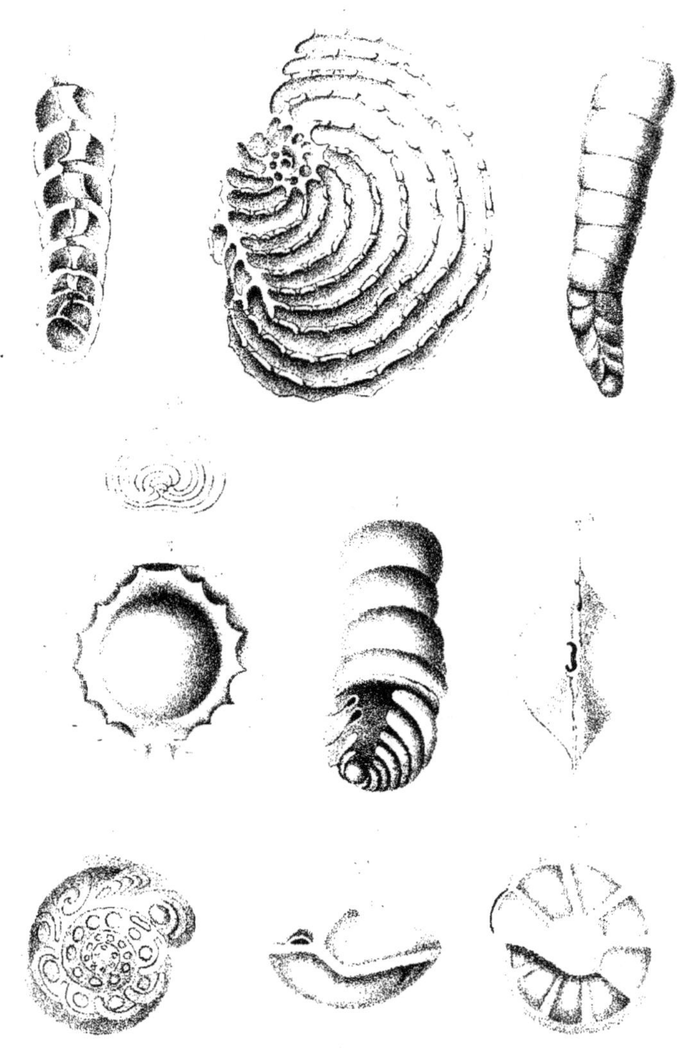

NOTE

SUR

QUELQUES FORAMINIFÈRES NOUVEAUX OU PEU CONNUS

DU GOLFE DE GASCOGNE

(Campagne du *Travailleur*. 1880)

M. Milne-Edwards, président de la commission scientifique du *Travailleur*, a bien voulu me charger de la recherche des Foraminifères dans les résidus provenant de quelques-uns des dragages des grandes profondeurs. Il avait autorisé la publication de cette note dans les *Fonds de la mer*, dirigés par MM. de Folin et Perrier; mais pour un motif que j'ignore, elle n'a pu paraître dans ce recueil. Parmi les formes le plus intéressantes que j'ai pu recueillir, celles dont il va être question seront placées dans l'ordre adopté par Brady dans la nouvelle classification qu'il propose et que j'ai reproduite dans ma *Note sur les Foraminifères* (1).

FAMILLE II. — MILIOLIDÆ, BRADY.

α **Miliolininæ.**

Dans ses intéressantes « Notes préliminaires (2) » sur l'expédition du *Challenger*, Brady constate que, sauf pour le genre *Biloculina*, les dragages profonds ont produit relativement fort peu de Foraminifères de la famille des *Miliolidæ*. On a rencontré seulement quelques espèces représentées chacune par un petit nombre d'individus. Les Milioles sont donc bien des animaux littoraux habitant les eaux peu profondes.

Les dragages du *Travailleur* dans le golfe de Gascogne ont confirmé ces faits. Les dragages n°s 2, 6 et 9 de 1,000 à 1,300 mètres contenaient quelques rares Quinqueloculines lisses, une espèce agglutinante assez abondante, et de nombreux exemplaires de quatre ou cinq espèces de Biloculines.

Parmi ces Miliolides des grands fonds on trouve tout un groupe de formes très remarquables par la disposition de l'ouverture. Tandis qu'elle est circulaire dans presque toutes les Triloculines côtières et garnie d'une dent bifide, ici l'ouverture se réduit à quelques fentes divergentes ou espacées et parsemées de perforations. Une Biloculine présente aussi une disposition analogue; mais dans toutes ces espèces le nombre des fentes et leur direction varie avec l'âge.

Ces caractères ont une certaine importance, car dans un des chapitres relatifs à la reproduction de Foraminifères, Carpenter (3) rapporte, d'après Schultze (4), que les jeunes Triloculines se forment à l'intérieur des loges de l'adulte, et sont évacuées, déjà munies de leur loge embryonnaire, par l'ouverture. J'ai moi-

(1) *Feuille des Jeunes Naturalistes*. XIIe année. p. 83.
(2) *Quarterly Journ. of. Microscopy*. vol. XXX. n. s., p. 87.
(3) *Introd. to the study of Foramin. Ray Society*. p. 38.
(4) *Ueber den Organismus der Polythalam.*

même (1) appuyé cette hypothèse par l'exemple d'une Quinqueloculine recueillie parmi des Foraminifères de Samoa. La forme des ouvertures des Miliolidées dont je viens de parler paraît devoir infirmer cette hypothèse : leurs fentes étroites et leurs perforations s'opposent à la sortie des jeunes Miliolidées qui se seraient formées à l'intérieur.

Parmi les espèces les plus remarquables rapportées par le *Travailleur*, je citerai les suivantes :

Genre BILOCULINA, d'Orb.

Biloculina sphæroïdes, Schlumb.

Pl. II, fig. 3, 3 *a*, 3 *b*, 3 *c*, 3 *d*.

Plasmostracum (2) sphérique formé de loges très enveloppantes ; la dernière ne laisse voir qu'une très faible partie de la précédente.

Ouverture légèrement rostrée et proéminente, variable suivant l'âge ; l'avant-dernière est marquée par une petite saillie accompagnée d'une courte fente.

Têt lisse et brillant.

Dans le jeune âge (fig. 3 *c*) l'ouverture est une fente demi-circulaire, autour de la dent implantée sur l'avant-dernière loge. Plus tard la dent se rétrécit (fig. 3 *d*) et le péristome se fend en trois lobes. Quelquefois (fig. 3 *b*) l'ouverture ne se compose plus que de deux fissures parallèles qui n'atteignent pas la loge précédente, enfin à l'état adulte elle prend la disposition de la fig. 3.

Diamètre des individus adultes : 0^{mm} 9.

Dragage : n° 2 (1,019^m) et n° 9 (1,190^m); assez rare.

Observations. — Cette espèce, peut-être identique au *Biloculina sphæra*, d'Orb. (3), dont elle diffère par l'ouverture, est voisine du *Biloculina Grinzingensis*, Karrer (4), qui est plus ovoïdal.

Biloculina serrata, Brady (5).

Pl. III, fig. 3, 3 *a*.

Plasmostracum discoïdal formé de loges non enveloppantes renflées vers le centre, amincies vers le pourtour. La carène est régulièrement dentelée et les dentelures de l'avant-dernière loge restent visibles.

Têt lisse.

Ouverture ovalaire munie d'une large dent bilobée.

Diam. : 1^m/^{m} 7.

Drag. : n° 2 (1,019^m) et n° 10 (1,960^m).

Genre TRILOCULINA, d'Orb.

Triloculina staurostoma, Schlumb.

Pl. II, fig. 4, 4 *a*.

Plasmostracum ovoïdal formé de loges très convexes arrondies d'un côté, carénées de l'autre ; sutures accentuées.

Têt lisse ou sillonné parfois de fines stries longitudinales, ouverture formée

---

(1) *Associat. franç. p. l'avancem. des sciences* (Cong. de Nantes, 1875).

(2) Je me sers du mot *plasmostracum* adopté par M. Munier-Chalmas pour désigner l'enveloppe des Foraminifères : l'emploi de ce terme est justifié par la grande différence qui existe entre leur têt et la *coquille* des gastropodes.

(3) *Foramin. de l'Amér. mérid.*, 1839, p. 66, pl. VIII, fig. 13-16.

(4) *Géologie de K. F. J. Hochquetenrass.*, Vienne, 1877.

(5) Je ne suis rencontré pour le nom spécifique de cette *Biloculina* avec mon ami Brady, qui m'a communiqué les planches de son grand ouvrage sur le *Challenger*, je lui en laisse la priorité.

par deux fissures en croix, déterminées par la présence d'une dent triangulaire appuyée sur l'avant-dernière loge et de deux fentes du péristome au sommet de la dent.

Long. et diam. : 1^m/^{m}.

Drag. : n° 9 (1,190^m) ; assez rare.

Observations. — D'Orbigny (1) a créé le genre *Cruciloculina* pour une Triloculine de la Patagonie munie d'une ouverture cruciforme. Les caractères de l'ouverture dans les Miliolidées, si variables avec l'âge, me paraissent insuffisants pour l'établissement d'un genre et les conformations d'ouvertures si particulières que nous constaterons pour les espèces suivantes, me semblent nécessiter l'abandon du genre *Cruciloculina.*

Triloculina fulgurata, Schlumb.

Pl. II, fig. 1, 1 *a*, 1 *b*.

Plasmostracum trigone, équilatéral, à angles aigus, formé de loges déprimées, rétrécies aux extrémités, sutures peu marquées.

Têt lisse.

Ouverture formée de nombreuses fentes étroites, sinueuses et rayonnantes (fig. 1) quelquefois disséminées et entremêlées de perforations (fig. 1 *b*).

Long. : 0^m/^{m} 85.

Drag. : n° 2 (1,019^m) et n° 9 (1,190^m) ; très rare.

Triloculina Fischeri, Schlumb.

Pl. II, fig. 2, 2 *a*, 2 *b*.

Plasmostracum trigone, inéquilatéral, à angles légèrement arrondis, formé de loges ovalaires.

Têt lisse.

Ouverture formée de six fentes étroites et rayonnantes, dont deux supérieures et quatre inférieures entourant une dent lancéolée.

Long. : 1^m/^{m}.

Drag. : n° 6 (1,353^m) ; très rare.

Voisine de la *Tr. fulgurata*, elle en diffère par le contour plus arrondi des loges et la disposition de l'ouverture. Je la dédie à mon confrère M. Fischer.

β **Orbitolitinæ**, Brady.

Genre ARCHIACINA, Munier-Chalmas (2).

Archiacina Munieri, Schlumb.

Pl. III, fig. 2, 2 *a*.

Plasmostracum discoïdal composé de loges nombreuses, étroites, tubulaires, non recouvrantes, séparées par des sutures peu apparentes. Les premières (fig. 2) sont disposées en spirale dans un plan, elles augmentent peu à peu de longueur, et les dernières finissent par envelopper complètement la spire embryonnaire de manière à constituer un disque aplati à contour plus ou moins circulaire.

Têt lisse et porcellané de couleur blanc mat.

<hr>

(1) *Foram. de Vienne*, p. 280, pl. XXI, fig. 5, mod. n° 112, 5e série.
(2) *Comptes rendus de l'Acad. des sciences*, 23 déc. 1878 ; *Bullet. de la Soc. géolog. de France*, séance 7 avril 1879.

Ouvertures nombreuses entourées d'un léger bourrelet et irrégulièrement distribuées sur un seul rang au pourtour de la dernière loge.

Diam. : 0^m/^{m} 9.

Drag. : n° 2 (1,019^m) ; rare.

Observations. — Voisin des *Peneroplis*, ce genre s'en distingue par l'absence de côtes et le développement discoïdal des dernières loges. Il n'avait été signalé jusqu'à présent que dans le miocène inférieur de Gahard et de Gaas.

FAMILLE VI. — TEXTULARIDÆ, BRADY.

α Textularinæ.

Genre SCHIZOPHORA, REUSS.

Dans son « Tableau méthodique » d'Orbigny (1) créa le genre *Vulvulina* pour un Foraminifère de l'Adriatique voisin du *Textilaria*, le *T. capreolus*. Il caractérisait ce genre par la diagnose suivante : « Toutes les loges alternantes, ouverture au sommet en fente, têt droit, ovoïde et déprimé sur ses faces, » et en donnait le modèle n° 59, IIIe livr. Or, la diagnose et le modèle, il est facile de s'en assurer, s'appliquent à un exemplaire incomplet, ce dernier ne porte qu'une des loges unisériées, généralement au nombre de trois ou quatre dans l'âge adulte, et d'Orbigny ne signale même pas ce caractère du genre. Le nom de *Vulvulina* doit donc être abandonné et on devra lui préférer celui de *Schizophora* créé par Reuss pour un Foraminifère tertiaire de l'Allemagne, analogue à celui de l'Adriatique.

Après Reuss plusieurs auteurs ont cité et figuré ce genre. Schwager (2) décrit une espèce sous le nom de *Bigenerina Nikobarensis*. Hantken (3) dans plusieurs de ses ouvrages figure le *Schiz. Haeringensis*, Gümb., et démontre que ce fossile est le même que celui que Gümbel (4) a nommé *Venilina Haeringensis*.

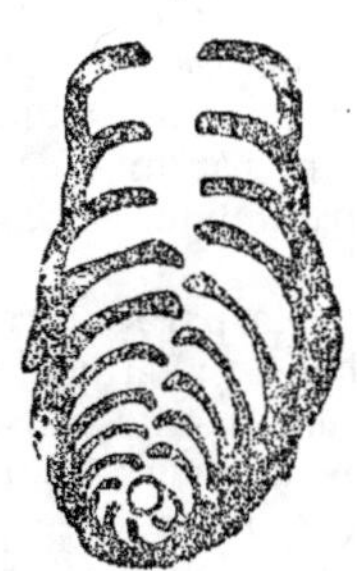

Fig. A
Schizophora capreolus
d'Orbigny
Section longit. Gr. $\frac{11}{1}$

Le grand nombre de *Schizophora* ramenés par la drague du *Travailleur* et leur bon état de conservation m'ont permis de reconnaître que ce Foraminifère est identiquement le même que celui de l'Adriatique qui a servi de type au *Vulvulina* de d'Orbigny. J'ai pu constater en outre un caractère qui a échappé aux auteurs que je viens de citer.

En faisant une coupe longitudinale dans un *Schizophora*, on remarque que les premières loges (fig. A), s'enroulent en spirale autour de la loge embryonnaire; les loges suivantes sont alternantes comme dans les *Textilaria*, enfin les dernières loges sont simples et unisériales. Ce genre présente donc ce fait curieux de trois modes successifs dans l'arrangement de ses loges. La diagnose devra être modifiée en conséquence.

Schizophora, REUSS.

Plasmostracum allongé, comprimé dans sa partie embryonnaire, renflé vers le milieu et de nouveau comprimé vers le haut, présentant trois modifications, suivant l'âge, dans l'arrangement de ses loges : 1° une seule série de loges en

<hr>

(1) *Annales des Sc. nat.*, tome VII, 1821.
(2) *Foram. v. Kar-Nikobar Expedition de la Novarra.* pl. IV, fig. 7.
(3) *Mitth. a. d. Jahrb. d. k. Ung. geol. Anst.* Ier vol., p. 136, pl. II, fig. 17 (1872); *Die Fauna d. Clav. szaboïsch.*, p. 68, pl. VII, fig. 3.
(4) *Beitrage zur Foraminiferen Fauna*, 1868.

spirale dans un plan autour de la loge embryonnaire; 2° deux séries de loges alternantes; 3° enfin quelques loges unisériales. Ouverture variant de position avec l'âge.

Schizophora capreolus, d'Orb.

PL. III, fig. 4, 4 a.

Plasmostracum comprimé aux extrémités, renflé vers le milieu, composé : 1° de cinq loges spiralées; 2° de onze loges alternantes: 3° et de quatre à cinq loges simples unisériales, déprimées. Les loges alternantes, ainsi que les premières, sont séparées par des sutures saillantes qui s'unissent sur la ligne médiane et se terminent en pointe sur le pourtour. Les loges unisériales sont séparées par des dépressions.

Les ouvertures des loges spiralées se trouvent contre la loge embryonnaire, celles des loges alternantes sont placées sur la ligne intermédiaire des deux séries comme dans les Textilaires, et les dernières loges ont à leur sommet une ouverture en fente dans le sens du grand diamètre.

Têt rugueux. Traité par l'acide azotique il produit une vive effervescence et laisse un dépôt de sable fin.

Long. : $2^{m}/^{m}2$; largeur : $0^{m}/^{m}9$.

Drag. : n° 2 (1,019^m), n° 6 (1,353^m), n° 9 (1,190^m), n° 10 (1,960^m), n° 12 (1,081^m); très commun.

Genre SIPHOGENERINA, Schlumb.

Au cours de mes recherches, j'ai trouvé dans plusieurs dragages et surtout dans les résidus du dragage n° 2 (1,019^m) un assez grand nombre d'exemplaires d'un Foraminifère qui ressemble, à première vue, à un *Bigenerina* à têt perforé. On sait que les Bigénérines ont un plasmostracum dont la partie embryonnaire est triangulaire, lancéolée et composée de quelques loges bisériées, alternantes, comme dans les Textilaires, à la suite desquelles viennent de nombreuses loges sphéroïdales unisériées disposées comme celles des Nodosaires et ayant au sommet une ouverture ronde et centrale. Les *Siphogenerina* en diffèrent par une forme extérieure plus cylindrique sur toute la longueur, une ouverture toujours excentrique et un caractère interne que je vais signaler.

Les *Siphogenerina* ont en effet un plasmostracum qui rappelle par sa forme extérieure celle des Nodosaires. Il est formé de nombreuses loges sphéroïdales, peu recouvrantes dont les premières sont alternes et deviennent ensuite unisériales. A l'intérieur (pl. III, fig. 1), un siphon cylindrique flexueux réunit chaque ouverture à l'ouverture précédente. La communication entre les loges se fait au moyen d'une fente dans la paroi du siphon au-dessus de chaque ouverture.

Ouvertures rondes bordées d'un léger bourrelet et s'ouvrant alternativement à droite et à gauche de l'axe.

Têt calcaire et perforé ou arénacé.

Siphogenerina glabra, Schlumb.

PL. III. fig. 1, 1 a.

Plasmostracum allongé, droit ou flexueux, légèrement conique composé d'une loge embryonnaire sphéroïdale suivie de trois à onze loges alternantes (formes A et B), puis de loges unisériées (de six à huit), simples, disposées suivant une ligne droite. La dernière loge est tronquée au sommet. Sutures droites et apparentes.

Ouverture excentrique, ronde, bordée d'un bourrelet.

Têt calcaire lisse et finement perforé.

Siphon interne occupant environ le tiers des loges. Long. : 0^m/^{m}6.

Drag. : n° 2 (1,019^m); assez commun.

Observations. — Les *Siphogenerina* présentent un dimorphisme très marqué. Certains individus (pl. III, fig. 1) courts et trapus ont une grande loge initiale suivie seulement de trois loges alternantes au plus, c'est la forme A (1). D'autres exemplaires plus acuminés vers le bas (pl. III, fig. 1 *a*), ont au contraire une petite loge embryonnaire suivie d'environ neuf à dix loges alternantes, c'est la forme B.

Je possède deux autres espèces de *Siphogenerina* inédites.

Siphogenerina costata, Schlumb.

Fig. B.

Fig. B. gr. $\frac{25}{1}$

Plasmostracum allongé fusiforme, composé de nombreuses loges dont les sutures sont à fleur du têt; les deux ou trois dernières loges sont marquées par un étranglement.

Têt lisse et brillant orné de cinq à six côtes longitudinales continues et saillantes.

Ouverture ronde entourée d'un bourrelet; long. : 1^m/^{m}47.

Tahiti, Nouvelle-Calédonie.

Siphogenerina ocracea, Schlumb.

Fig. C.

Plasmostracum allongé, flexueux, conique vers le bas, composé de nombreuses loges saillantes les unes sur les autres. Les cinq premières loges sont alternantes.

Sutures très accentuées.

Têt lisse composé, comme le siphon intérieur, de sable fin agglutiné.

Coloration jaune.

Ouverture ronde sans bourrelet.

Long. : 1^m/^{m}26.

Nouvelle-Calédonie.

Fig. C. $\frac{28}{1}$

β **Bulimininæ.**

Genre PLEUROSTOMELLA, Reuss (2).

Pleurostomella acuta, Hantken (3).

Pl. II, fig. 5, 5 *a*.

J'ai fait figurer cette espèce parce que l'ouverture en forme de T est complète dans les deux exemplaires que j'ai recueillis, tandis que M. Hantken, dans le fossile qu'il a décrit, n'en a vu seulement que la partie semilunaire supérieure. Les deux lèvres de l'ouverture sont finement striées longitudinalement.

Long. : 1^m ^{m}6; diam. 1^m/^{m}.

Drag. : n° 9 (1.190); très rare.

Observations. — La présence dans les grands fonds du golfe de Gascogne d'une espèce fossile du tertiaire de Bohême est digne de remarque. Le fait n'est

(1) *Comptes rendus de l'Acad. des sciences*, mars 1883.
(2) *Die Foraminif. der Westphal. Kreideform*, Wien, 1860, p. 61.
(3) *Die Fauna der Clav. szaboisch.*, 1875, pl. XIII, fig. 18, p. 44.

25

pas isolé et j'ai retrouvé dans les dragages du *Travailleur* deux Dentalines et le *Biloculina contraria* (*Planispirina*, Brady), décrits par d'Orbigny dans ses Foraminifères de Vienne.

Famille X. — ROTALIDÆ, Brady.

Genre Rupertia, Wallich.

Rupertia stabilis, Wallich.

Pl. II, fig. 6, 6 *a*, 6 *b*, 6 *c*, 7, 7 *a*, 8.

En faisant figurer ce Foraminifère je le croyais inédit; M. Brady m'a fait savoir que M. Wallich l'a déjà décrit (1). Cet auteur n'avait sans doute à sa disposition que des exemplaires mal conservés car ses figures laissent à désirer.

Ce Foraminifère vit immobile, fixé aux corps sous-marins sans y adhérer complètement. Les premières loges se disposent d'une manière confuse et forment le point d'attache (fig. 6 *c*). Les suivantes s'élèvent perpendiculairement et en spirale. Les deux premiers tours sont rétrécis, tandis que le dernier est renflé, allongé et ovalaire.

Ouverture allongée, située contre l'axe spiral, et limitée d'un côté par le sommet des loges précédentes (fig. 6 *a*, 7), de l'autre par un repli de la dernière loge dans lequel deux échancrures circulaires déterminent par leur rencontre une dent saillante.

Long. : $1^{m/m}$ 5; larg. : $0^{m/m}$ 8.

Drag. : n° 2 (1,019^m) et n° 10 (1,960^m); assez commun.

Genre Rotalina, d'Orb.

Rotalina pleurostomata Schlumb.

Pl. III, fig. 5, 5 *a*. 5 *b*.

Plasmostracum discoïdal, trochiforme, plus bombé du côté ombilical que du côté spiral, sur lequel on voit quatre tours de spire, dont le dernier comprend neuf loges à sutures obliques nettement visibles. La carène qui sépare les deux faces est arrondie et devient flexueuse par la saillie des trois ou quatre dernières loges. Le sommet du côté ombilical est occupé par une aire circulaire de têt blanchâtre où se réunissent les sutures droites et légèrement saillantes des loges.

L'ouverture doublement marginée est une fissure placée sous la carène et occupant toute la largeur de la loge.

Têt lisse et brillant finement perforé. A l'état vivant de nombreux faisceaux de perforations pénétrés par le protoplasma de couleur brune produisent dans les loges des taches sinueuses très variées.

Diam. : $1^{m/m}$ 4; épaisseur : $0^{m/m}$ 9.

Drag. : n° 2 (1,019^m). n° 9 (1,190^m), n° 12 (1,081^m); très commune.

Observations. — Cette Rotaline est remarquable par la position de son ouverture et les conséquences qui en résultent. En construisant une nouvelle loge, l'animal obture l'ouverture précédente et résorbe une partie de la paroi suturale pour établir la communication entre les loges : aussi voit-on quelquefois une légère fissure dans le pli où se trouve habituellement l'ouverture des Rotalines. En faisant une section transversale on voit en outre qu'à chaque nouvelle loge ce

(1) *Ann. and Mag. of Natur. Hist.*, série 4, vol. XIX, p. 502, pl. XX.

Foraminifère étend sur toute la partie déjà formée de son têt une nouvelle couche calcaire, de sorte qu'autour de la loge initiale celui-ci se compose de nombreuses lamelles superposées et finement perforées.

J'ai trouvé dans les marnes miocènes de Baden, près Vienne, une Rotaline qui présente les mêmes caractères et qu'aucun auteur n'a signalée.

Ces notes étaient rédigées depuis longtemps lorsque M. Berthelin a communiqué à la Société géologique (1) une note dans laquelle il signale les mêmes caractères pour des Rotalines des couches astartiennes de Normandie et du gault du Boulonnais. Lorsque ces espèces auront été publiées, il y aura peut-être lieu de les réunir dans un groupe générique particulier. Mais ces Rotalines à ouverture marginale n'ont aucun rapport, comme le croit M. Berthelin, avec le genre *Epistomina* créé par M. Terquem (2).

SCHLUMBERGER.

(Extrait de la *Feuille des Jeunes Naturalistes*. — Paris, 35, rue Pierre-Charron.)

---

(1) *Bullet. de la Soc. géol. de France*, 1883, p. 373.
(2) *Cinquième mémoire sur les Foram. du syst. oolith.*, 3e sér., t. XI, p. 16.

Typ. Oberthur, Rennes—Paris.

EXTRAIT DU RÈGLEMENT CONSTITUTIF DE LA SOCIÉTÉ

APPROUVÉ PAR ORDONNANCE DU ROI DU 3 AVRIL 1832

Art. III. Le nombre des membres de la Société est illimité (1). Les Français et les Etrangers peuvent également en faire partie. Il n'existe aucune distinction entre les membres.

Art. IV. L'administration de la Société est confiée à un Bureau et à un Conseil dont le Bureau fait essentiellement partie.

Art. V. Le Bureau est composé d'un président, de quatre vice-présidents, de deux secrétaires, de deux vice-secrétaires, d'un trésorier, d'un archiviste.

Art. VI. Le président et les vice-présidents sont élus pour une année; les secrétaires et les vice-secrétaires, pour deux années; le trésorier, pour trois années; l'archiviste, pour quatre années.

Art. VII. Aucun fonctionnaire n'est immédiatement rééligible dans les mêmes fonctions.

Art. VIII. Le Conseil est formé de douze membres, dont quatre sont remplacés chaque année.

Art. IX. Les membres du Conseil et ceux du Bureau, sauf le président, sont élus à la majorité absolue. Leurs fonctions sont gratuites.

Art. X. Le président est choisi, à la pluralité, parmi les quatre vice-présidents de l'année précédente. Tous les membres sont appelés à participer à son élection, directement ou par correspondance.

Art. XI. La Société tient ses séances habituelles à Paris, de novembre à juillet (2).

Art. XII. — Chaque année, de juillet à novembre, la Société tiendra une ou plusieurs séances extraordinaires sur un des points de la France qui aura été préalablement déterminé. Un bureau sera spécialement organisé par les membres présents à ces réunions.

Art. XIV. Un *Bulletin* périodique des travaux de la Société est délivré gratuitement à chaque membre.

Art. XVII. Chaque membre paye : 1° un droit d'entrée; 2° une cotisation annuelle. Le droit d'entrée est fixé à la somme de 20 francs. Ce droit pourra être augmenté par la suite, mais seulement pour les membres à élire. La cotisation annuelle peut, au choix de chaque membre, être remplacée par le versement d'une somme fixée par la Société en assemblée générale. *Décret du 12 décembre* 1873) (3).

(1) Pour faire partie de la Société, il faut s'être fait présenter dans l'une de ses séances par deux membres qui auront signé la présentation, avoir été proclamé dans la séance suivante par le Président, et avoir reçu le diplôme de la Société. (*Art. 4 du règlement administratif*).

(2) Pour assister aux séances, les personnes étrangères à la Société doivent être présentées chaque fois par un de ses membres. (*Art. 42 du règlement administratif.*)

(3) Cette somme a été fixée à 400 fr. (*Séance du 20 novembre* 1871.)